Bildnachweis
© blickwinkel – B. Trapp: S. 20 (l.); M. Woike: S. 18 (r.)
© iStockphoto – Farinosa: S. 8 (r.)
© mauritius images – Alimdi/Arterra/imageBROKER: S. 28 (u.); Arterra Picture Library/Alamy/Alamy Stock Photos: S. 15 (u. l.); Blickwinkel/Alamy/Alamy Stock Photos: S. 11 (u. l.), S. 15 (o. r.), S. 20 (M.), S. 21 (l.); Joe Blossom/Alamy/Alamy Stock Photos: S. 15 (u. r.), S. 16 (o.); Stefan Huwiler/imageBROKER: S. 33 (r.); Minden Pictures/Misja Smits/bb: Cover; nature picture library/Loic Poidevin: S. 14; Zoonar GmbH/Alamy/Alamy Stock Photos: S. 20 (r.)
© Sebastian Rath – S. 34
© Shutterstock – Aastels: S. 19 (r.); ArtEvent ET: S. 11 (u. r.); ChameleonsEye: S. 18 (l.); Tyler Clemons: S. 27; Contributor underworld: S. 26 (M.); El Arquitecto de Huesos: S. 9; Geza Farkas: S. 25; Gaviaimmer Images: S. 30 (u.); Pascal Halder: S. 26 (l.); hecke61: S. 2; InFocus.ee: S. 33 (l.); Eric Isselee: S. 7 (l.), S. 8 (l., M.), S. 17 (u. l.), S. 24; juerginho: S. 23 (l.); julimatic: S. 16 (M.); Holger Kirk: S. 6 (r.), S. 16 (u.), S. 32 (r.); Kletr: S. 17 (o.); Oleksandr Kostiuchenko: S. 7 (r.); Simon Kovacic: S. 12/13; Irina Kozorog: S. 21 (r.); Frank McClintock: S. 31 (M.); Michal Dobes com: S. 31 (o.); Joseph Mongiello: S. 29 (o.); morvai_szilard: S. 6 (l.); New Africa: S. 23 (r.); OneWithNaturePhotos: S. 5, S. 19 (l.); Martin Pelanek: S. 10, S. 11 (o. r.); reptiles4all: S. 26 (r.); scubaluna: S. 11 (o. M.); slowmotiongli: S. 11 (o. l.); Olha Solodenko: S. 22; Soloviova Liudmyla: S. 30 (o.); Ruth Spears: S. 31 (u.); Ivan Telenchev PhD: S. 28 (o.); Wild Carpathians: S. 15 (o. l.); WildMedia: S. 17 (u. r.); Vladimir Wrangel: S. 29 (u.); yut4ta: S. 11 (u. M.); Rudmer Zwerver: S. 32 (l.)

FSC www.fsc.org
MIX
Papier aus verantwortungsvollen Quellen
FSC® C043106

Originalausgabe

www.hase-und-igel.de
Lektorat: Anna Schultes
Illustrationen: Hendrik Kranenberg
Satz: Appel Grafik München GmbH
Druck: Grafisches Centrum Cuno GmbH & Co. KG

ISBN 978-3-86316-465-2
1. Auflage 2024

Barbara Rath

Die Schildkröte

Hase und Igel®

Seltene Panzerträger

Hast du gewusst, dass es auch in Mitteleuropa eine heimische Schildkröte gibt? Es ist die Europäische Sumpfschildkröte. Viele kennen sie nicht, denn bei uns kommen die Tiere nur sehr selten vor. Sie sind in Deutschland, Österreich und der Schweiz sogar vom Aussterben bedroht und deshalb streng geschützt.

In Deutschland findet man Sumpfschildkröten fast bloß noch im Bundesland Brandenburg. Entdeckst du anderswo Schildkröten, handelt es sich wahrscheinlich um ausgesetzte oder entlaufene Heimtiere. Diese kommen aus anderen Ländern. An geeigneten Gewässern versuchen Naturschützer, die heimische Art wieder anzusiedeln.

Die Grundfarbe der Sumpfschildkröte ist schwarzbraun. Über den Rückenpanzer und den schuppigen Körper ziehen sich gelbe Punkte und Striche. Mit viel Glück kannst du die kleinen Wasserbewohner beobachten, während sie ein Sonnenbad nehmen. Am liebsten liegen sie dabei still auf einem Holzstück im Gewässer und genießen die Wärme. Das tun alle Reptilien gern.

Mein Lexikon

Reptilien:
Zu den Wirbeltieren, also den Lebewesen mit einer Wirbelsäule, gehören unter anderem die *Reptilien*. Diese Gruppe umfasst Schildkröten, Krokodile, Schlangen und Echsen. Reptilien nennt man auch Kriechtiere.

Schlaue Frage

Warum mögen Reptilien Wärme?
Das liegt daran, dass ihr Körper sich nicht selbst aufheizen kann. Reptilien sind wechselwarm, also etwa so warm oder kalt wie die Luft oder das Wasser um sie herum. Sie brauchen die Wärme der Sonne, um aktiv zu werden.

Wo Sumpfschildkröten leben

Mein Lexikon

Verbreitungsgebiet:
Wo Tiere oder Pflanzen von Natur aus leben oder wachsen, ist ihr *Verbreitungsgebiet*.

Das Verbreitungsgebiet der Europäischen Sumpfschildkröte ist ziemlich groß. Man findet sie in Portugal, Spanien und Italien sowie in weiten Teilen Mitteleuropas und im Norden bis nach Dänemark. In Nordafrika ist sie ebenso zu Hause wie in einigen Ländern Asiens.

Die Art benötigt in ihrem Lebensraum unbedingt Gewässer – gern stehend, aber die Tiere vertragen auch eine leichte Strömung. Sie leben nahe am Ufer in Seen, Teichen oder stillen Seitenarmen von Flüssen. Manchmal wohnen sie sogar in Gräben. Wie der Name schon andeutet, mögen Sumpfschildkröten schlammige Böden. Wenn dort viele Pflanzen wachsen, haben sie überhaupt nichts dagegen, denn darin können sie sich gut verstecken und jagen.

Die Tiere brauchen Plätze auf Holzstücken oder auf Steinen, die sich für Sonnenbäder eignen. Ganz wichtig sind auch sonnige Sandhügel in Gewässernähe oder andere trockene Standorte, an denen die Weibchen graben und ihre Eier ablegen können.

Für Forscher

Schau dir das Verbreitungsgebiet der Europäischen Sumpfschildkröte einmal auf einer Landkarte an.

Schlaue Frage

Warum sitzen Schildkröten oft auf Holz?
Wenn Wurzeln, Stämme oder Äste im Wasser schwimmen oder vom Ufer aus hineinragen, müssen sich die Tiere nur abstoßen, um blitzschnell verschwinden zu können. Ein Plumps und sie sind weg! Außerdem: Anders als Wasser entzieht Luft den Schildkröten wenig Wärme. Sie können also beim Sonnenbad auf dem Trockenen ihre Körper hervorragend aufheizen.

Schwimmen und abtauchen

Schlaue Frage

Wo sind die Ohren bei der Schildkröte?
Eine sichtbare Ohrmuschel gibt es nicht, wie das Foto zeigt. Aber die Schildkröte hat Ohren, die verborgen unter der Haut hinter den Augen liegen. Besonders gut hört sie damit nicht.

Sumpfschildkröten sind scheu. Im Wasser entdeckt man sie nur schwer – sogar die großen Exemplare, deren Panzer bis zu 23 Zentimeter lang ist und die etwa ein Kilogramm wiegen. Sie schwimmen so, dass bloß ein kleiner Teil des Kopfes mit Nase und Nasenlöchern aus dem Gewässer ragt. Der dunkle Panzer fällt unter Wasser kaum auf.

Zum Atmen müssen die Tiere regelmäßig an die Oberfläche – aber sie können sich damit viel mehr Zeit lassen als wir. Sumpfschildkröten tauchen bis zu zwanzig Minuten.

Das Vorderbein hat fünf Krallen mit Schwimmhäuten dazwischen. Es ist leicht platt, nicht rund. So ist es zum Schwimmen und zum Laufen geeignet.

Auch das Hinterbein mit vier Krallen und Schwimmhäuten hat eine abgeflachte Form. Ein breites Ruder paddelt schließlich besser als ein schmaler Stock.

Sumpfschildkröten müssen an Land und im Wasser flink unterwegs sein. Das sieht man ihren Beinen an: Sie sind nicht komplett flach, wie die vor allem zum Rudern geeigneten, großen Paddel der verschiedenen Meeresschildkröten. Diese können sich an Land bloß sehr mühsam fortbewegen. Sumpfschildkröten haben aber auch keine rundlichen Stampfer, wie sie für die Gruppe der Landschildkröten typisch sind.

Zwischen den Zehen der Sumpfschildkröte sitzen dünne Schwimmhäute. Sie vergrößern die Fläche des Fußes, sodass das Tier im Gewässer schneller ist und bis zu drei Meter tiefe Tauchgänge machen kann. Wenn du einmal mit Flossen im Wasser warst, weißt du, warum Schwimmhäute hilfreich sind!

Für Forscher

Paddle im Schwimmbad oder im See mit gespreizten Fingern durchs Wasser. Dann versuche es mit dicht aneinanderliegenden Fingern, wodurch mehr Widerstand entsteht. Kannst du dir jetzt vorstellen, warum Sumpfschildkröten Schwimmhäute haben?

Gepanzert durchs Leben

Schildkröten haben seit mehr als 200 Millionen Jahren einen Panzer. Obwohl die „Rüstung“ manchmal hinderlich sein kann, hat sie sich als Schutz für die darin lebenden Tiere bewährt. Gegen Angriffe großer Raubtiere nützt die besondere Ausstattung nichts, aber gegen kleinere Feinde.

Die Bilder unten zeigen, wie der Panzer gebaut ist. Die Haut der Schildkröte ist fest mit ihm verwachsen. Den empfindlichen Kopf schützt er besonders gut.

So sieht eine Sumpfschildkröte von unten aus, wenn sie schwimmt: Die Beine paddeln, der Kopf und der Schwanz sind ausgestreckt. Der Rückenpanzer überragt den kleineren, flachen Bauchpanzer.

Wenn die Sumpfschildkröte ihre Beine anzieht, verschwinden sie unter dem Rückenpanzer. Der Schwanz wird seitlich eingeklappt. Rücken- und Bauchpanzer sind an den Seiten miteinander verbunden.

Die Sumpfschildkröte zieht den Kopf ein, sobald Gefahr droht. Die Haut am Hals bildet einen „Rollkragen“. Jetzt kann das Tier sogar noch die Vorderbeine schützend vor die Nase legen.

Der Panzer besteht im Inneren aus verbreiterten und miteinander verschmolzenen Knochen. Er wächst ein Leben lang mit. Das Foto zeigt das Skelett einer Schildkröte, die einen sehr langen Hals hat und nicht bei uns lebt.

Außen ist der Panzer mit einer farbigen Schicht aus Horn überzogen. Aus diesem Material bestehen auch deine Haare und Nägel. Kleine Beschädigungen auf dem Panzer einer Schildkröte heilen, aber oft erkennt man sie später noch. Größere Schäden wie ein Bruch töten das Tier meistens.

Halsberger-Schildkröten, zu denen unsere heimische Art zählt, können ihren Kopf gerade in den Panzer zurückziehen. Dabei falten sie die Halswirbelsäule, die sonst gestreckt ist, wie ein S zusammen. Die sogenannten Halswender hingegen legen ihren Kopf seitlich unter den Panzer.

Schlaue Frage

Sind Schildkrötenpanzer empfindlich?
Ja. Die Tiere reagieren sogar, wenn nur ein Schatten auf den Panzer fällt.

Für Forscher

Leg die Hände auf deine Rippen. Fühle, wie sie sich beim Atmen heben und senken. Warum muss eine Schildkröte, die in einem starren Panzer steckt, wohl anders Luft holen als du?

Alles mit Wasser hinunterspülen

Mein Lexikon

Wasserinsekten und Larven:
Insekten wie Käfer, Ohrwürmer oder Ameisen sind die größte Gruppe unter den Tieren. Ihr dreiteiliger Körper besteht aus Kopf, Brust sowie Hinterleib und sie haben sechs Beine. Manche bezeichnet man wegen ihres Lebensraums als *Wasserinsekten*, zum Beispiel den Gelbrandkäfer auf dem Bild. Die Nachkommen von Insekten nennt man *Larven*.

Sumpfschildkröten fressen hauptsächlich andere Tiere – auch bereits tote, also Aas. Lebendige Beute packt die Schildkröte unter Wasser flink mit ihrem schnabelartigen Maul. Sie nimmt alles, was klein genug ist, um sich überwältigen zu lassen: Kaulquappen, Krebse, Schnecken, Wasserinsekten und deren Larven. Nur selten erwischt sie lebende Fische, denn die flüchten oft zu schnell. Doch auf dem Speiseplan stehen auch Pflanzen wie Wasserlinsen, Algen oder Wasserpest.

Die Schnabelkante des Mauls ist scharf und erinnert an eine winzige Säge. Kauen kann die Schildkröte damit aber nicht. Bei Bedarf nutzt sie ihre scharfen Krallen an den Vorderbeinen, um das Futter zu zerkleinern.

Eine Besonderheit der Schildkröte: Sie kann ihre Nahrung nur mit Flüssigkeit hinunterspülen. Auch wenn sie an Land etwas Leckeres gefunden hat, muss sie also ins Gewässer, um es zu schlucken. Dabei bewegt sich der Kopf ruckartig nach vorn, Wasser strömt ins geöffnete Maul und reißt die Mahlzeit mit in Richtung Magen.

Kaulquappe

Schlammschnecke

Libellenlarve

Teichmolch

Wasserlinsen

Wasserpest

Die Paarung? Schwierig!

Sumpfschildkröten werden bis zu hundert Jahre alt. Deshalb können sie sich mit der Fortpflanzung Zeit lassen. Die Männchen beginnen früher damit als die Weibchen. Wann genau, hängt auch von der Temperatur ab. Männliche Sumpfschildkröten in Spanien vermehren sich schon im Alter von vier Jahren. Wo es kühler ist, passiert das später. Manche Weibchen in kälteren Gebieten paaren sich erst mit achtzehn Jahren. Streiten sich mehrere Männchen um ein weibliches Tier, kann es zu Beißereien kommen.

Die Männchen treiben die Weibchen ab Februar zur Paarung gern ins Wasser. Dann klettern sie auf deren Panzer und klammern sich dort fest. Das ist eine wackelige Angelegenheit! Eine Einbuchtung auf der Bauchseite des Panzers beim Männchen hilft ihm, Halt zu finden. Anschließend schnappt es nach dem Kopf der weiblichen Schildkröte, damit diese ihn einzieht. Das führt dazu, dass an der Hinterseite mehr von ihrem Körper herausschaut. Über eine Öffnung unten am Schwanz kann nun die Paarung stattfinden.

Mein Lexikon

Paarung, sich paaren:
Bei der *Paarung* überträgt das männliche Tier Samen in das weibliche. So können sich aus den Schildkröteneiern neue Lebewesen entwickeln. Man sagt, das männliche und das weibliche Tier *paaren sich*.

Für Forscher

Knacke eine Walnuss so, dass du zwei heile Schalenhälften bekommst. Lege sie wie Schildkröten bei der Paarung übereinander – wackelig, aber es klappt.

Nestbau und Eiablage

Mein Lexikon

Analsäcke:
Bei den *Analsäcken* handelt es sich um zwei Blasen, die kurz vor dem Po vom Darm der Schildkröten abzweigen. Darin kann Wasser transportiert werden. Sie helfen im Winter auch bei der Atmung.

Für Forscher

Bastle dir aus einem Karton einen Panzer: Öffne Deckel und Boden und schlüpfe hinein, den Kopf und die Arme auf der einen Seite, die Beine auf der anderen. Wie anstrengend ist es, so zu krabbeln? Denk dran: Dein Karton ist für dich viel leichter als der Panzer für die Schildkröte.

Die Wahl eines gut gelegenen Nistplatzes ist für Tiere sehr wichtig, auch für Schildkröten. Sonnig, warm und trocken muss er sein. Ein toller Trick der Weibchen: Ist der Boden zu trocken und dadurch zu fest, um mit den Hinterbeinen eine Höhle auszuheben, weichen sie ihn auf. Das Wasser dafür haben sie in Analsäcken, die sie am ausgewählten Ort entleeren.

Im Juni nach der Paarung sucht das Weibchen an einem heißen Tag ein gutes Versteck an Land. Am besten ist der anstrengende Weg zum Nistplatz nicht länger als 500 Meter. Nur falls nötig, wandert es weiter.

Mit den Hinterbeinen gräbt das Tier eine birnenförmige Höhle. Darin legt es etwa neun bis fünfzehn Eier ab, am liebsten nachmittags oder abends.

Die Mutter gibt sich Mühe, die Öffnung des Nestes zu verbergen – denn das ist alles, was sie tun kann, um ihre Kinder zu schützen.

Diese Eierschalen sind leer. Im Spätsommer schlüpfen die Jungtiere nach achtzig bis hundert Tagen, je nachdem, wie warm es in der Zwischenzeit war.

Eierschale knacken, buddeln und los: Ungefähr mit drei Zentimetern Panzerlänge und fünf Gramm Gewicht startet die Babyschildkröte ins Leben.

Von Anfang an auf sich gestellt

Versorgt.

Winzig.

Unterwegs.

Junge Sumpfschildkröten müssen allein klarkommen. Deshalb sind ihnen viele Verhaltensweisen angeboren. Das heißt: Die Kleinen erlernen sie nicht, sondern bestimmte Umstände lösen ein entsprechendes Verhalten aus. So gesehen beginnen sie ihr eigenständiges Leben gut versorgt.

Außerdem nehmen die Jungen beim Start einen Nahrungsvorrat aus dem Ei mit: den rötlichen Dottersack, den man links auf dem oberen Bild sieht. Darin sind Reste des Eidotters, von denen das Tier sich ernährt, bis der Sack leer ist und es selbst Futter erbeutet. Manche suchen aber auch gleich, nachdem sie geschlüpft sind, etwas zu fressen. Oder der Nachwuchs überwintert im Ei und verlässt es erst im Frühling, ohne sich zuvor mühsam Speck anfuttern zu müssen.

Der erste Weg führt die Jungschildkröten ins Wasser: Dort können sie sich zwischen den Pflanzen gut verstecken und jagen. Ihr kleiner Panzer ist zunächst noch weich und sie haben viele Fressfeinde.

Große heimische Raubfische wie der Hecht (im Bild) und der Wels machen Jagd auf Sumpfschildkröten, aber auch Vögel wie Reiher oder Kraniche.

Waschbären graben in ihrer ursprünglichen Heimat Amerika die Eier von Schildkröten aus und fressen sie – hier bei uns wohl ebenfalls.

Mein Lexikon

Fressfeind:
Als *Fressfeind* bezeichnen Wissenschaftler die Tierart, die eine andere als Futterquelle nutzt: Krähen sind Fressfeinde der Sumpfschildkröten.

Schlaue Frage

Haben Schildkröten noch mehr Feinde?
Ja. Wildschweine, Dachse und Füchse graben die Eier aus. Den geschlüpften Tieren werden auch Katzen und Hunde gefährlich.

Die Temperatur macht den Unterschied

In Australien ist es bei der Grünen Meeresschildkröte bereits so weit: Es gibt deutlich mehr Weibchen.

Bei Schildkröten entscheidet die Temperatur darüber, welches Geschlecht entsteht. Ist es wärmer als 29,5 Grad, wachsen in den Eiern weibliche Sumpfschildkröten heran. Liegen die Temperaturen unter 28 Grad, schlüpfen fast nur Männchen. Bei Schwankungen zwischen 28 und 29,5 Grad kommen Männchen und Weibchen zur Welt.

Der Klimawandel mit immer wärmeren Sommern gefährdet Schildkröten. In anderen Gebieten der Welt mit höheren Temperaturen zeigt sich bereits: Es fehlen Männchen. Auch bei Krokodilen und Eidechsen beeinflusst Wärme das Geschlecht, während sie sich im Ei entwickeln.

Im Sommer heißt es: futtern, ein Sonnenbad nehmen oder sich verstecken und sich um einen Partner bemühen.

Wenn es kalt wird, hören Sumpfschildkröten auf zu fressen und tauchen ab: auf den Gewässerboden.

Im Sommerhalbjahr sind Schildkröten sehr aktiv: Sie jagen sogar nachts und wandern manchmal kilometerweit, um ein neues Gewässer zu erkunden. In der warmen Jahreszeit atmen sie über ihre Lunge Luft ein und aus. Den Winter verbringen die Tiere bis zu sieben Monate lang in einer Kältestarre im eisfreien Wasser. Dann erfolgt die Atmung über bestimmte Bereiche in Mund und Rachen sowie über die Analsäcke. Faszinierend, oder?

Mein Lexikon

Kältestarre:
Die Körpertemperatur von Reptilien passt sich immer der Umgebung an. Wechselwarme Tiere sind im Winter bewegungslos. Diesen Zustand nennt man *Kältestarre*. Sie verbrauchen so kaum Energie und benötigen nur wenig Sauerstoff.

Schlaue Frage

Warum versinken Schildkröten so schnell im Wasser?
Wenn sie sich bei Störungen ins Wasser fallen lassen, pressen sie die Luft schlagartig aus ihrer Lunge. Ohne den Auftrieb der Atemluft versinken sie zügig.

Sie kommen zurück – langsam

Als Wiederansiedlungsprojekt bezeichnet man das Vorhaben, eine Pflanzen- oder Tierart erneut dort heimisch zu machen, wo sie zuvor ausgestorben ist. Es reicht jedoch nicht, die Lebewesen einfach in der Natur auszusetzen. Bevor man so ein Projekt startet, müssen zahlreiche Dinge untersucht und bedacht werden.

Zwei wichtige Fragen, die man beantworten muss, bevor man Tiere wieder ansiedelt: Gibt es die Art in der Gegend noch? Und: Eignet sich die Umgebung überhaupt? Ein verschmutztes Gewässer ist kein passender Ort.

Viele Forscher arbeiten bei solchen Projekten mit. Hier sieht sich ein Mitarbeiter ein Nest an, das eine Sumpfschildkröte gegraben hat. Man kann es gegen Eierdiebe schützen – so wie auf dem großen Bild.

Ziel ist es, eine stabile Population aufzubauen, also eine Gruppe, die ohne Hilfe durch immer neue Nachkommen fortbesteht. Bei Schildkröten braucht man Geduld, denn sie vermehren sich nur langsam.

Die Forscher prüfen die Wasserqualität, zählen Schildkröten und sorgen dafür, dass es möglichst wenige Störungen durch Menschen oder Tiere gibt.

Pläne zur Wiederansiedlung werden wissenschaftlich eng begleitet. Sie sind mit viel Arbeit verbunden! Der Naturschutzbund Deutschland (NABU) unterstützt zum Beispiel ein Projekt im Bundesland Rheinland-Pfalz: Erst wurde geprüft, ob Altarme des Rheins, also Flächen, wo der Fluss sich früher befand, für Sumpfschildkröten geeignet sind. Heute liegen dort noch Feuchtgebiete. Dann ließ man Tiere frei, die etwa handtellergroß waren.

Schlaue Frage

Warum setzt man handtellergroße Schildkröten aus?

So überleben mehr, denn größere Tiere werden nicht so leicht Opfer von Fressfeinden.

Zoos züchten Schildkröten

Für Forscher

Achte beim nächsten Zoobesuch darauf, ob an Gehegen Schilder mit dem Hinweis stehen, dass sich der Tierpark an einem Erhaltungszuchtprogramm beteiligt. Der Zoo in Nürnberg hilft zum Beispiel, Europäische Sumpfschildkröten auszuwildern.

Zoos beteiligen sich daran, dass ausgewählte Tierarten nicht aussterben, und zwar durch sogenannte Erhaltungszuchtprogramme. Das heißt: Tiere, die später einmal ausgewildert werden sollen, bringt der Zoo so unter, dass sie gut auf das Leben in Freiheit vorbereitet werden. Besonders wichtig dabei ist wenig Kontakt zu Menschen, damit eine natürliche Scheu erhalten bleibt. Außerdem sollen sie sich möglichst selbstständig mit Futter versorgen.

Ein Bild, das man in vielen Zoos sieht: Eine Menge Sumpfschildkröten drängt sich zum Sonnenbaden auf einem treibenden Holzstück. Die große Rotwangen-Schmuckschildkröte (rechts) ist nicht heimisch.

Das ist eine winzige Arrau-Schildkröte aus einem Zuchtprogramm in Brasilien. Ausgewachsen gehört sie zu den größten Süßwasserschildkröten der Welt. Ihr Panzer kann einen Meter lang werden.

Arrau-Schildkröten wurden fast ausgerottet, weil Menschen ihre Eier einsammelten, um sie zu essen. Man startete Projekte, um die Tiere zu retten, doch der Erfolg blieb aus.

Erst seit Kurzem weiß man: Arrau-Schildkröten stoßen sehr tiefe Töne aus, die wir nicht hören können. Arrau-Weibchen und ihre Babys unterhalten sich auf diese Weise. Die Mütter versorgen ihren Nachwuchs, indem sie ihn begleiten und beschützen. Fehlt die Betreuung, sterben viele Junge. So kann Forschung helfen, Arten erfolgreich zu schützen.

Schlaue Frage

Wie entdeckt man Laute, die wir nicht hören?
Sehr tiefe und sehr hohe Töne nimmt das menschliche Ohr nicht wahr. Manche Laute von Schildkröten sind für unser Gehör zu tief. Besondere Mikrofone fangen sie aber auf und verschieben die Tonhöhe in den für uns hörbaren Bereich. Außerdem lassen sich Geräusche, die wir nicht hören, auch als Grafik darstellen (wie auf dem Bild).

Sumpfschildkröten als Heimtiere

Mein Lexikon

Heimtiere:
Tiere, die in menschlicher Obhut leben und zum Vergnügen gehalten werden, nennt man *Heimtiere*. Hunde, Katzen und auch Schildkröten zählen dazu, wobei manche Hunde durchaus eine Aufgabe haben (Wachhund, Blindenhund, Suchhund, Hütehund). Katzen beseitigen Mäuse.

Sumpfschildkröten werden manchmal als Heimtiere gehalten: im Aqua-Terrarium (Becken mit Wasser und Land) oder im Gartenteich. Wer das möchte, muss sich gut informieren, denn es gibt einiges zu beachten.

Ansonsten können die Heimtiere zu Problemen führen. Manche Halter verlieren die Lust an den Reptilien, die anfangs niedlich sind, aber bald jede Menge Arbeit machen. Dann lassen sie die Tiere frei, obwohl das verboten ist. Anderen laufen die Schildkröten auch davon, da sie gern wandern. Sie haben es jedoch schwer, weil sie es nicht gewöhnt sind, in Freiheit Futter zu suchen und Feinden auszuweichen.

Außerdem weiß man bei Tieren aus dem Handel nichts über deren Vorfahren. Jede Gruppe hat sich an ihren Geburtsort angepasst und entsprechende Eigenschaften und Fähigkeiten an ihre Nachkommen vererbt. Vermehrt sich zum Beispiel eine ursprünglich aus Spanien stammende Schildkröte mit bei uns heimischen Panzerträgern, mischen sich die Erbanlagen – und die praktischen Anpassungen gehen verloren.

Schlaue Frage

Was tun, wenn man eine entlaufene Sumpfschildkröte findet?

Ist sie in Gefahr, weil du sie etwa an einer Straße entdeckst, darfst du sie aufheben und in Sicherheit bringen. Ansonsten musst du sie dort lassen, wo sie ist. Am besten machst du ein Foto und gibst einem Naturschutzverband in der Nähe Bescheid, wann du das Tier wo beobachtet hast. Dort kann man die Informationen vielleicht nutzen.

Fremdlinge

Aus Amerika stammende Schmuckschildkröten, vor allem Rotwangen- und Gelbwangen-Schmuckschildkröten, konnte man lange für wenig Geld im Zoohandel kaufen. Sie wachsen recht schnell heran und werden mehrere Jahrzehnte alt. Die Tiere brauchen viel Pflege, weil sonst das Wasser, in dem sie leben, zu stinken beginnt. Zahlreiche überforderte Halter lassen sie deshalb einfach frei.

Rotwangen-Schmuckschildkröten haben rote Streifen hinter ihren Augen. Man findet sie bei uns häufig als Neozoen in Gewässern. Sie überstehen manchmal sogar den Winter, obwohl sie es eigentlich wärmer mögen.

Gelbwangen-Schmuckschildkröten werden oft mit unseren Sumpfschildkröten verwechselt. Wer genau hinschaut, erkennt den Unterschied: Sie tragen deutliche längere gelbe Streifen anstelle der Punkte und Striche.

Schildkröten freizulassen ist gesetzlich verboten. Außerdem schadet es den ohnehin sehr wenigen heimischen Sumpfschildkröten. Wenn eine Geierschildkröte davonläuft, wird es darüber hinaus auch gefährlich!

Manche Leute finden es spannend, gefährliche Tiere zu halten. Alligatorschildkröten wie die Geierschildkröte und die Schnappschildkröte auf dem Bild oben gehören dazu. Diese Süßwasserreptilien werden groß, haben einen kräftigen Beißschnabel und packen blitzschnell zu. Lässt jemand sie frei oder laufen sie davon, werden manchmal als Vorsichtsmaßnahme Badegewässer gesperrt, wo man sie gesehen haben will. Es ist nämlich schon zu Bissverletzungen gekommen.

Mein Lexikon

Neozoen:
Tierarten, die von Menschen freigelassen oder unabsichtlich dort verbreitet wurden, wo sie von Natur aus nicht vorkommen, nennt man *Neozoen*. In ihren neuen Gebieten vermehren sie sich. Bei uns sind das neben verschiedenen Wasserschildkröten zum Beispiel Waschbären und Bisamratten.

Verkehrsopfer und Fastenspeise

Sumpfschildkröten sind nicht nur durch Fressfeinde, sondern auch stark durch den Verkehr bedroht. Oft durchziehen Straßen ihren Lebensraum. Bei Wanderungen lässt es sich deshalb nicht vermeiden, Fahrbahnen zu überqueren. Das ist lebensgefährlich für die Tiere.

In Frankreich gibt es sogar ein Verkehrsschild, das vor Schildkröten auf der Fahrbahn warnt. Aber eine kleine Schildkröte auf dem Asphalt verwechselt man leicht mit einem Stein. Und selbst eine große übersieht man bei höherer Geschwindigkeit schnell – besonders bei Dunkelheit. Die Chancen, eine befahrene Straße unbeschadet zu überqueren, stehen trotz Warnung schlecht.

Der Verlust geeigneter Lebensräume gefährdet Sumpfschildkröten sehr. Oft liegen Felder neben den Gewässern, in denen sie sich ansiedeln. Gräbt ein Weibchen sein Nest auf einem Acker, kann die nächste Landmaschine es zerstören. Oder die frisch geschlüpften Jungen werden überfahren. Dann gibt es keinen Nachwuchs.

Früher verbot die Kirche, in der Fastenzeit (also zwischen Karneval/Fasching und Ostern) Fleisch zu essen. Fisch war jedoch erlaubt. Alle möglichen im Wasser lebenden Tiere wurden deshalb zu Fischen und damit zur Fastenspeise erklärt, bloß weil sie schwimmen und tauchen können. Schildkröten zählten dazu. Sie wurden massenhaft gekauft und gegessen.

Die weltweite Verwandtschaft

Unsere Schildkröten haben fast überall auf der Welt Verwandte an Land und im Wasser. Die Grenzen ihrer Verbreitungsgebiete ergeben sich lediglich durch tiefe Temperaturen ganz im Norden und im Süden der Erde. Dort ist es zu kalt für Reptilien.

Aldabra-Riesenschildkröten leben auf Inseln im Indischen Ozean. Sie sind neben den Galapagos-Riesenschildkröten die größten und mit bis zu 200 Kilogramm schwersten Landschildkröten. Früher wurden sie von Seeleuten lebendig auf Schiffe mitgenommen und unterwegs gegessen.

Die **Lederschildkröte** ist in warmen Meeren zu Hause. Sie trägt keinen typischen Panzer mit Hornschuppen, sondern ihrer ist von einer Haut umgeben, die an Leder erinnert. Er kann zweieinhalb Meter lang werden. Selten verirren sich die bis zu 700 Kilogramm schweren Tiere in die Nordsee.

Ein recht beliebtes Heimtier ist bei uns die **Griechische Landschildkröte**. Von Natur aus kommt sie in den Ländern am Mittelmeer und auf den Inseln dort vor. Die Haltung der Tiere ist nicht einfach. Sie sind geschützt, also bloß nicht aus dem Urlaub mitbringen!

Die **Maurische Bachschildkröte** frisst Pflanzen und Tiere. Ihre Größe ist ähnlich wie bei der Europäischen Sumpfschildkröte. Sie lebt in Spanien, Portugal, im Süden Frankreichs sowie im Norden Afrikas. Der Panzer verfärbt sich im Lauf ihres Lebens: von olivgrün zu bräunlich.

Die **Dosenschildkröte** aus Amerika kann sich besonders gut schützen. Nachdem sie Kopf, Beine und Schwanz eingezogen hat, klappt sie den Bauchpanzer vorn und hinten hoch. Dann ist sie beinahe so dicht verschlossen wie eine Dose – und Störenfriede bleiben draußen!

Interessantes zur Schildkröte

? Kann eine Schildkröte ihren Panzer ablegen?

! Nein. Es gibt zwar einen bekannten Zeichentrickfilm, der zeigt, wie eine Schildkröte aus ihrem Panzer purzelt. Aber das ist bloß erfunden! Die Schildkröte ist fest mit dem Panzer verwachsen. Deshalb kann beim Schwimmen auch kein Wasser hineinlaufen.

? Haben Schildkröten eigentlich Zähne im Maul?

! Seit langer Zeit nicht mehr. Die letzten Schildkröten mit Zähnen lebten vor 160 Millionen Jahren. Seitdem sind die Kiefer der Tiere verhornt, haben scharfe Kanten und können kräftig zuschnappen. Das gilt besonders für Alligatorschildkröten, zwei davon sind auf Seite 26/27 zu sehen.

Welche Bedeutung haben die Augen für die Panzerträger?

Die Augen sind wichtig, denn sie sehen Beute und erkennen Artgenossen. Übrigens kann man bei der heimischen Art an der Farbe die Geschlechter unterscheiden: Bei Weibchen (wie auf dem Bild) sind die Augen gelblich, bei Männchen orange bis rotbraun.

Warum können Schildkröten so alt werden?

Atmung, Herzschlag und Stoffwechsel (etwa die Umwandlung von Nahrung) sind bei ihnen langsam. Das schont den Körper. Schildkröten kommen in vielen Geschichten vor. Oft drehen sie sich um Zeit und darum, wie man seine Ziele mit Ausdauer erreicht, nicht mit Eile.

Die Autorin

Barbara Rath ist Diplom-Biologin. Sie arbeitete zunächst für das Bundesforschungsministerium. Später entwickelte sie Veranstaltungskonzepte für den Krefelder Zoo und war dort als Zooführerin tätig. Heute verfasst sie als freie Autorin Sachbücher, Romane, Kurzgeschichten und Gedichte. Mehr Informationen findest du auf ihrer Homepage *www.barbara-rath.de*.